U0301300

编写人员名单

主　编： 徐颖欣　王增福

参编人员（排名不分先后）：

钟绍坤　麦志球　肖康　贾银锋　迟金爽　谢绮雯　何沛球

轻松玩转

3D One AI

编程 | 硬件 | 人工智能

徐颖欣　王增福 | 主编

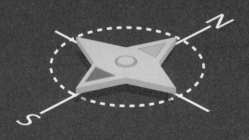

化学工业出版社

·北京·

内 容 简 介

本书以生活实际为抓手，通过走进先进科技企业或者文化发源地，自主研学、探索了解并学习前沿技术与课堂知识，在此基础上利用3D One AI软件在3D模型作品中配置电子元器件并编写程序，制作出"智慧化"项目产品，通过9个简单有趣的案例，让读者在玩（实践）、学习、研究、制作的过程中熟练掌握3D One AI软件的操作、智能化电子元器件的使用、编程技巧以及人工智能相关知识。

本书融合科学、物理、数学、语文等多学科知识，同时涉及了人工智能、图像识别、语音识别、编程控制等技术，内容新颖、有趣，适合中小学生阅读，也适合创客教育或培训机构使用。

图书在版编目（CIP）数据

轻松玩转 3D One AI：编程、硬件、人工智能 / 徐颖欣，王增福主编. —北京：化学工业出版社，2023.2
ISBN 978-7-122-42704-5

Ⅰ. ①轻… Ⅱ. ①徐… ②王… Ⅲ. ①人工智能
Ⅳ. ①TP18

中国国家版本馆 CIP 数据核字（2023）第 012006 号

责任编辑：曾 越 　　　　　　　　　　　　　装帧设计：水长流文化
责任校对：宋 夏

出版发行：化学工业出版社（北京市东城区青年湖南街 13 号　邮政编码 100011）
印　　装：天津图文方嘉印刷有限公司
710mm×1000mm　1/16　印张 7　字数 102 千字　2023 年 9 月北京第 1 版第 1 次印刷

购书咨询：010-64518888 　　　　　　　　　　售后服务：010-64518899
网　　址：http://www.cip.com.cn
凡购买本书，如有缺损质量问题，本社销售中心负责调换。

定　　价：69.80 元

前　言

　　普及人工智能教育具有重要价值。一是让孩子们从小了解人工智能，产生对人工智能的好奇心，从而可以培养更多的人工智能创新人才，有助于未来突破技术瓶颈；二是当全民具备基本的人工智能素养后，大家可能对"表情分析""头环"等技术会有新的认识，这将有助于构建人工智能理论框架，也有助于人工智能教育应用的推广和普及。

　　本书以中望公司开发的3D One AI软件为工具，将科技企业、传统文化与人工智能有机地融合，把科学、物理、数学、语文等学科知识整合在智能教育之中，引导学生利用3D One AI软件中的电子元器件和编程模块等功能，将3D模型虚拟仿真出人工智能效果，让学生能够运用多学科知识解决现实生产、生活问题，激发探究与创新意识，提升本土文化应用与认同感，弘扬实践劳动精神。

　　本书依据中小学人工智能教育课程体系框架（感知—理解—应用—创造）进行编排：第1课参观3D One AI软件开发公司，了解中国自主设计的人工智能软件的设计开发流程，掌握3D One AI软件的基本操作；第2～3课通过一汽大众、现代种植园的参观研学与劳作实践，理解人工智能对现代生产、生活的重要性，并利用3D One AI软件探究并解决参观实践过程中提出的问题；第4～7课通过参观文化博物馆、生活中的"空中铁路"等，以及3个制作案例学习应用人工智能技术控制生活工具；第8～9课通过参观智能家居体验店等，了解现代家居的人工智能技术应用，根据创想设计制作人工智能环保屋和物资分拣机器人。本书注重实践，设置丰富有趣的专项板块，让学生走进科技企业与文化发源地，深刻体悟生活、生产中的知识与技艺，结合多学科知识，迸发创意的火花。本书每一课都设置了知识导航、学习目标、研学小站、探索之旅、科技作坊、知识拓展六大板块内容，让学生利用3D One AI软件创造出个性化人工智能作品，将创新思维与实践操作有机结合。

为便于读者练习，本书提供了源文件及相关拓展资料，可使用百度网盘下载使用。下载地址：https://pan.baidu.com/s/1maQ9uRemScREFWh66i4fkQ，提取码：1218。

本书由徐颖欣与王增福老师主编。参与编写与审核的老师还有钟绍坤、麦志球、肖康、贾银锋、迟金爽、谢绮雯、何沛球，感谢中望公司张帆、郭丽静等老师对本书内容提出了许多建设性意见，感谢狮山中心小学创客社团班的同学们，让我们进一步反思实践教学中存在的问题，并不断完善本书内容与学习活动。

由于水平有限，难免出现疏漏，欢迎广大读者提出宝贵意见和建议。

编者

目录

第 1 课

我们的模型应用——认识强大的 3D One AI/001

第 2 课

我们身边的重力学——小球下落与最快捷径物理实验 /011

第 3 课

我们的大力士牛——推倒多米诺骨牌 /022

第 4 课

我们的点亮实验——闪烁的乐安花灯 /034

第 5 课

我们的交通信号灯——红绿灯的控制 /043

第 **6** 课

我们的智能小车——键盘驾驶小车 /053

第 **7** 课

我们的有轨小车——自动循迹小车 /063

第 **8** 课

我们的智慧之家——智慧的环保屋 /075

第 **9** 课

我们的创意竞赛——智能物资分拣比赛 /093

参考文献 /104

知识导航

3D One AI具备强大的三维数据处理与显示能力，可通过编程或界面交互，运用平台的虚拟开源硬件技术与人工智能技术，动态仿真人工智能行为并支持输出三维动画，通过动手实践综合学习多学科知识。而这些都等着我们去探索。同学们，让我们现在出发，一起去探寻3D One AI的奥秘吧！

学习目标

操作技能

1. 了解3D One AI软件的应用，认识3D One AI软件操作界面。

2. 知道3D One AI软件的鼠标基本操作方法。

3. 掌握3D One AI软件插入与导入模型、保存模型的方法。

学科知识

1. 科学：正确了解物体的物理属性、刚体运动的概念。

2. 数学：通过观察、分析、操作以及抽象、概括等过程，探索图形运动的概念及基本性质。

3. 语文：通过参观、学习，感受3D One AI软件功能的强大，激发学习并应用3D One AI软件的兴趣。

研学小站

你见过"聪明"的机器人（如图1-1所示）吗？制作这些"聪明"的机器人，就需要用到CAD平台软件，此外，还需要用到人工智能（artificial intelligence，AI）技术。人工智能是一门研究、开发用于模拟、延伸和扩展人的智能的理论、方法、技术及应用系统的技术科学。

这门技术科学的厉害之处在哪呢？让我们通过3D One AI软件体验其中的奥秘吧！

图1-1　"聪明"的机器人

探索之旅

3D One AI软件将编程、硬件、人工智能技术三者以三维动画的形式展现出来（图1-2）。我们只需要将自己制作的3D模型导入到3D One AI软件中，给模型添加上相应的硬件和人工智能技术，编写好程序，就会变成专属的"聪明"机器人，是不是感觉很有趣呢？

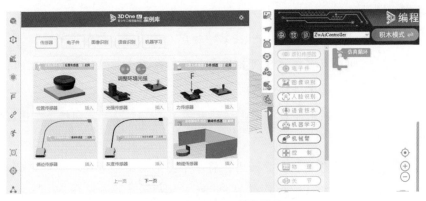

图1-2　3D One AI用户界面

3D One AI软件拥有非常多有趣、便捷的功能，包括：物理属性设置、刚体运动、编程建模、编程控制、机器学习、图像识别、语音识别、仿真环境等。我们可以打开3D One AI软件，根据如图1-3所示的提示找出这些功能模块。

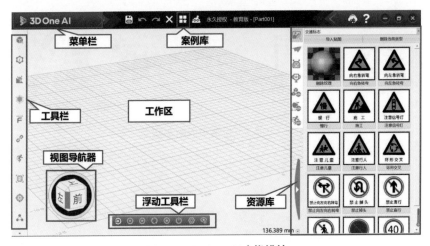

图1-3　3D One AI功能模块

科学小提示

在使用3D One AI软件之前，我们先来了解一下涉及的物理知识。

物理属性：物质的物理性质。如：颜色、气味、状态，是否易融化、凝固、升华、挥发，还有些性质如熔点、沸点、硬度、导电性、导热性、延展性等。

数学小提示

3D One AI软件也涉及了一些数学知识。读读看，你都了解吗？

三维空间：日常生活中可指由长、宽、高三个维度所构成的空间，是我们看得见、感受得到的空间。

数学课上，我们学过的图形运动有（   ）、（   ）、翻折（如图1-4所示）。

小贴士　平移是指在平面内，将一个图形沿某个方向移动一定的距离的图形运动；旋转是指在平面内，将一个图形上的所有点绕一个定点按照某个方向转动一个角度，这样的运动叫作图形的旋转；把一个图形沿某一条直线翻折（折叠）过来，直线两旁的部分能够相互重合，这个图形叫作轴对称图形，这条直线就是它的对称轴。

图1-4　生活中的图形运动

科技作坊

我会做 **软件下载与安装**

任务情境 要想体验3D One AI软件的操作技能，我们需要先按步骤下载安装好软件！

步骤1 登录i3done社区，在首页选项框中点击"软件"中"3D One AI"选项，点击"立即下载"，并找到合适电脑配置的选项，点击"马上下载"。

步骤2 双击3D One AI软件安装包，按提示进行安装。

步骤3 安装完后，弹出框选择"许可管理器"，然后点击"下一步"。

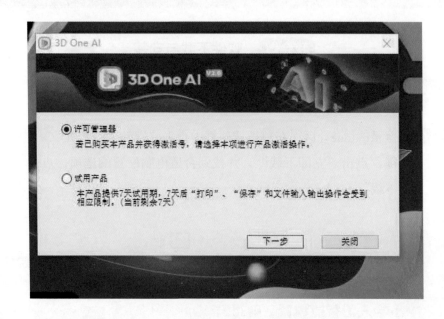

步骤4 点击"激活"，输入注册码，就可以使用了。

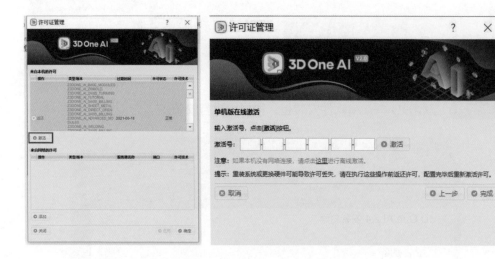

我会做 **模型插入、导入与保存**

任务情境 在设计制作人工智能作品前，先来学习通过不同方法把3D模型放到
3D One AI软件中，并保存3D One AI作品的操作吧！

使用工具总览

操作名称	模块图例	模块说明
模型库	🤖	插入模型
导入	🖥 导入…	导入模型
保存	📄 文件保存	保存作品

具体操作步骤

　　模型导入主要有两种方式：从模型库导入；从文件导入。

步骤1 **插入模型。**

　　打开3D One AI软件，点击界面的右侧箭头，点击"模型库" 🤖 按
钮，就可以选择插入"基本形状""电子件""机器人""车
子""机械臂"和"场景"多种模型。

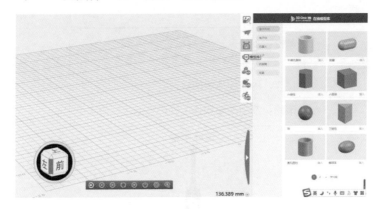

步骤2 **导入模型。**

　　1. 在菜单栏点击"导入"。

　　2. 找到".stp"模型文件，点击导入文件，在弹出的对话框中点击"打
开"按钮。

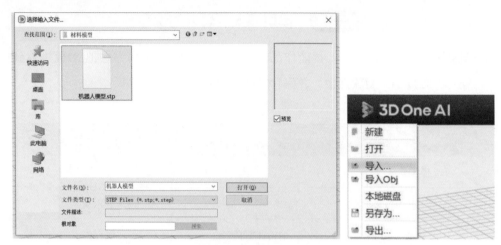

使用工具：菜单栏—导入

步骤3 **鼠标操作，旋转3D模型。**

1. 根据下图所示的指引，按住鼠标右键旋转工作区模型，从多个角度浏览工作区中的3D模型。

2. 向上滚动鼠标滑轮，放大工作区模型，向下滚动鼠标滑轮，缩小工作区模型。

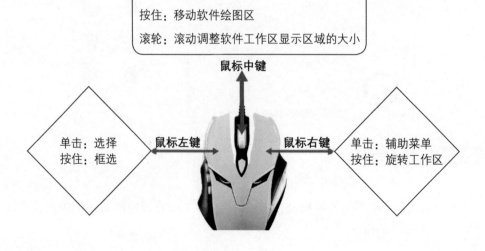

步骤4　**保存文件。**

1. 在菜单栏中点击"文件保存"。

2. 在弹出的对话框中选择合适的保存位置，点击"保存"按钮。

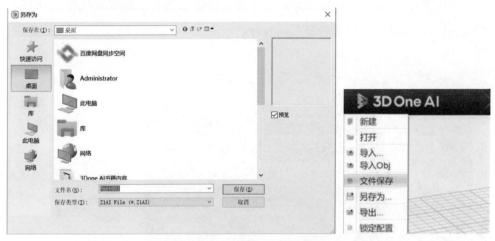

使用工具：菜单栏—文件保存

评　价

评价指标	自评
我感受到3D One AI软件的魅力	☆☆☆☆☆
我知道3D One AI软件的用处和操作界面	☆☆☆☆☆
我学会了3D One AI软件的插入、导入模型和保存文件方法	☆☆☆☆☆

收获与体会：_____

_____

知识拓展

学好3D One AI软件，制作出自己的人工智能机器人，我们可以参加更多有趣的全国比赛呢！例如：全国青少年电子信息智能创新大赛物资分拣赛项。查看i3done社区，浏览这项比赛的要求和内容吧！

第**2**课

我们身边的重力学——
小球下落与最快捷径物理实验

扫码观看
操作视频

知识导航

什么是"重力"？物体由于地球的吸引而受到的力就叫重力（Gravity）。重力在我们的生产生活中占据着重要作用。想要运用重力，我们首先需要对其进行了解。重力朝什么方向？如何测量重力的大小？让我们带着这些问题，去探索本节课的知识吧！

学习目标

操作技能

1. 学会使用"全局属性设置"修改"世界"样式，查看不同世界环境的实验效果。

2. 会修改模型"物理属性设置"中"材料""质量"和"摩擦系数"的功能参数，开展重力相关实验。

3. 能使用3D One AI软件进入"虚拟仿真"界面验证猜想结果。

学科知识

1.科学：了解重力的概念及方向，能举例说明重力存在的现象。

2. 数学：结合生活实际，认识质量单位，会进行简单的单位换算，会选择合适的单位进行估测。

3. 语文：了解一汽-大众公司，感受科技的力量，激发爱科学、学科学、用科学的思想感情。

研学小站

一汽-大众公司研学❶

在我们的身边，有这样一家结合科技实现自动化生产的汽车公司——一汽-大众汽车有限公司（以下简称"一汽-大众"）。一汽-大众佛山工厂主要由整车制造的冲压、焊装、涂装、总装4大车间组成。其中，焊装车间拥有超过800台机器人，自动化率超过70%。焊装车间的生产节拍可以达到每分钟完成一辆车的车身，在极大地提高效率的同时，保证车辆的高品质。

学校组织同学们参观一汽-大众公司，聪明的小A发现好多机器人负责焊接汽车、组装汽车、运输汽车，都不需要工人去操作，简直太智能啦（图2-1所示）！

在运输焊接车间，小A感叹道："这么重的车可以一台台吊起来组装，太厉害了！不过要是可以像在太空中一样汽车自己浮起来岂不是更好吗？"

你觉得小A的想法能实现吗？为什么呢？

图2-1　汽车焊接、组装

---

❶ 一汽-大众公司官方网站提供了预约参观通道，可在网上预约。

探索之旅

本节课，我们要了解一个对世界科技发展做出巨大贡献的物理科学家——
（　　）。

他总结提出了＿＿＿＿＿＿＿＿＿＿＿＿。

参考答案：牛顿　万有引力（重力）

为什么苹果会往地上掉呢？

科学小提示

在探究重力相关实验前，我们先来了解一下关于重力的基本知识吧!

1. 你知道什么是重力吗?

_____

参考答案　由于地球吸引而使物体受到的竖直向下的力叫作重力。

2. 你能举例说明重力的存在吗?

_____

参考答案　提水时，感到水桶对手有向下的压力；树上的苹果往下落；向上抛的球，最终落回到地面上……

数学小提示

重力无时无刻不存在我们身边，但是你有没有想过重力有多重呢？这与我们生活中常提及的质量单位相对应，试一试完成下面的数学小测试，让我们更清晰地了解重力的大小吧！

1. 数学课上，我们认识的质量单位有（　　　）、（　　　）、（　　　）。

2. 你知道1kg有多重吗？

小贴士 　4个苹果大约重1kg。

科技作坊

我会做 **实验1：最简单的重力实验——小球下落**

任务情境 请利用3D One AI软件实现在有重力（地球）和无重力（太空）情况下的小球下落实验！看看小A"汽车像在太空中一样浮起来进行组装"的想法能否实现吧！

你的猜想是：□能实现　□不能实现

你的解释是：_____

使用工具总览

操作名称	模块图例	模块说明
模型库		插入基本形状
全局属性设置		对场景属性（"世界"和"重力"）进行设置
物体属性设置		对选中物体属性（"材料"）进行设置

具体操作步骤

步骤1 **插入球体。**

1. 点击"模型库 🔲 ",选择"基本形状"中的球体。

2. 点击球右下角的"插入",并将球体拖动到平面网格中,单击左键。

使用工具:模型库—基本形状

步骤2 **向上移动球形。**

使用"基本编辑"🔳 中的"移动"🔳 命令,将球体沿着z轴向上移动。

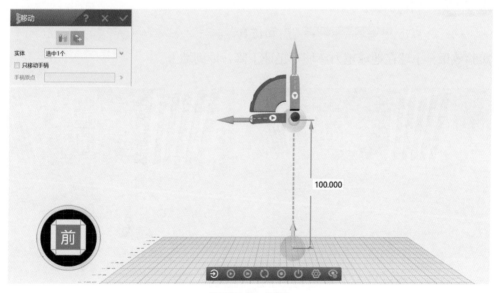

使用工具:移动

步骤3　设置小球全局属性。

1. 点击"全局属性设置" ⚙。

2. 设置小球所在"世界"。

全局属性设置	? ✕ ✓
世界	地球
重力	-9.80 ◇ N/kg
∨ 高级属性	
碰撞修正系数	0.2 ◇
约束柔软系数	0.0 ◇
线速度阻尼	0.0 ◇
角速度阻尼	0.0 ◇

使用工具：全局属性设置

步骤4　进入仿真环境。

点击 🕙 ⊙ ⊙ ↻ ↺ ⏻ ⚙ ⊗ "进入仿真环境"。

步骤5　启动仿真。

点击 🕙 ⊙ ⊙ ↻ ↺ ⏻ ⚙ ⊗ "启动仿真"。

实验效果：小球在地球重力环境下迅速下降，掉到地上。

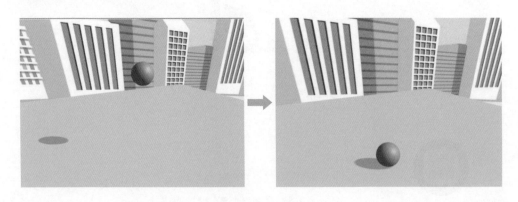

我会做　**实验2：最快捷径物理实验**

任务情境　小A参观一汽-大众厂房的时候发现，车辆制作是从3楼开始，在2楼进行组装，在1楼进行检修，想一想：这是为什么呢？

如何设置机器路线可以最安全、最快地将车辆从3楼运送到2楼，再从2楼运送到1楼呢？

画一画：你所想的车辆组装运送路线是怎么样的呢？

小提示　我们将读者可能选取的运送路线形式设计制作成最快捷径模型开展实验测试。

步骤1　导入最快捷径曲线模型。

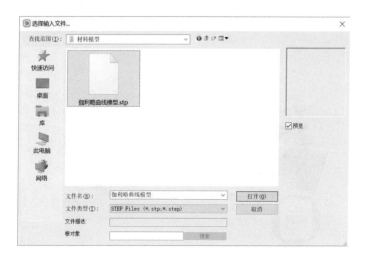

步骤2 设置"最快捷径曲线模型"物理属性。

1.左键单击"最快捷径曲线模型"，选中其模型。

2.点击"物理属性设置"，将"物体类型"修改为"地形"。（小提示：若物体类型为"轨迹"，则在仿真过程中受外力影响的物体位置不会发生变化。）

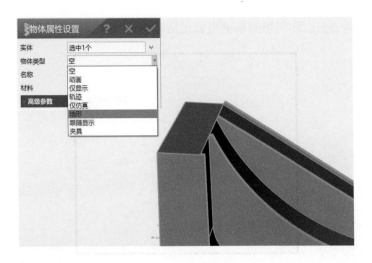

步骤3 插入球体。

1.点击"模型库"，选择"基本形状"中的球体。

2.插入3个球体，分别放置在每个轨道边缘中点。

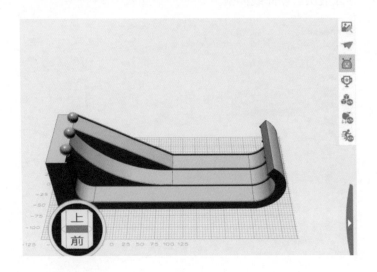

步骤4 **设置3个小球物体属性。**

1. 按住Shift键选中3个小球模型。

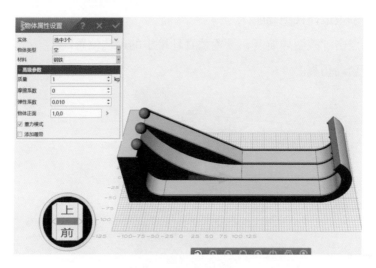

2. 点击"物体属性设置" 🖼 。

3. 设置"材料"为"钢铁"。

4. 点击"高级参数",修改"质量"为1kg和"摩擦系数"为0。(小提示:摩擦系数调整为0,即保证实验过程中小球下落与最快捷径曲线模型之间没有摩擦力这个干扰因素。)

🗲物体属性设置	? ✕ ✓	
实体	选中3个	⌄
物体类型	空	▾
材料	钢铁	▾
▾ 高级参数		
质量	1	⇕ kg
摩擦系数	0	⇕
弹性系数	0.010	⇕
物体正面	1,0,0	≫
✓ 重力模式		
☐ 添加履带		

步骤5 **进入仿真环境。**

点击  "进入仿真环境"。

步骤6 **设置最佳视图导航。**

点击"视图导航"，设置仿真环境中的最佳位置。

步骤7 **启动仿真。**

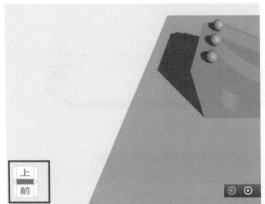

实验效果：3个小球以不同的速度先后到达底端。

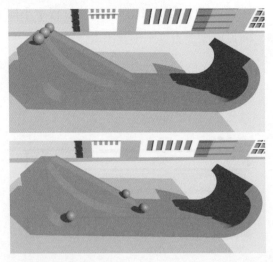

想一想： 通过"最快捷径模型"小实验，你从中发现了什么现象?

我的发现：_____

_____

评 价

评价指标	自评
我感受到重力的强大力量	☆☆☆☆☆
我学会了利用3D One AI软件的"模型库""基本编辑"功能插入模型、调整模型位置的方法	☆☆☆☆☆
我学会了3D One AI软件的"全局属性设置""物理属性设置"等功能设置模型所在世界环境与其物理属性	☆☆☆☆☆

收获与体会：_____

_____

知识拓展

1. 1630年，科学家伽利略提出问题：一个质点，只在重力作用下，从一个给定点，到不在它垂直下方的另一点，不计摩擦力，沿着什么曲线下滑，所需时间最短？请扫描本课二维码观看视频，了解更多关于"最速曲线"的知识。

2. 在生活中关于重力的应用，你还想到哪些方面呢？可以使用3D One AI软件展示出来吗？

_____

_____

_____

第3课
我们的大力士牛——推倒多米诺骨牌

扫码观看
操作视频

知识导航

多米诺骨牌（domino）是一种用木制、骨制或塑料制成的长方体骨牌，如图3-1所示。将骨牌按一定间距排成行，轻轻碰倒第一枚骨牌，其余的骨牌就会产生连锁反应，依次倒下。别看多米诺骨牌如此简单，它所蕴含的知识并不简单，你是否清楚呢？这节课我们就去见识下"大力士牛"的威力！

图3-1　多米诺骨牌

图3-2　古代的多米诺骨牌

知识拓展：骨牌起源和传播

多米诺骨牌起源于中国北宋时期（如图3-2所示），18世纪初由意大利传教士多米诺带往欧洲。他为了让尽可能多的人能玩上高雅的骨牌游戏，就制作生产了仍称为骨牌的木制牌。木牌迅速在意大利和欧洲传播开，并以传教士的名字命名为"多米诺"。

学习目标

操作技能

1. 根据模型所需材质，掌握使用"物体属性设置"对选中物体属性（"材料"）进行设置的方法。

2. 学会使用"编程建模"进行物体形状建模。

3. 了解力的知识，学会设置物体的速度或者受到的力的方向与大小。

学科知识

1. 科学：认识多米诺骨牌的现象以及原理；认识力的单位，利用测力器感受不同拉力的大小。

2. 语文：通过参观农耕体验园，对力的作用产生思考，激发探索精神。

3. 数学：掌握常用的质量单位：克（g）、千克（kg）、吨（t）；了解质量单位在生活中的应用；会进行简单的质量单位间的换算。

研学小站

农耕体验园

"锄禾日当午，汗滴禾下土。谁知盘中餐，粒粒皆辛苦。"这一首《悯农》诗歌你是否耳熟能详呢？农耕除了让同学们体验食物来之不易，要珍惜粮食之外，在农业生产中我们的先辈给我们传承下来的农耕工具也蕴含了非常多科学知识，大家快来探寻一下吧（如图3-3、图3-4所示）！

在同学们使用锄头锄地的时候，一旁的小A发现一个有趣的现象：同一个同学锄地的情况下，用尽全力把锄头举到相同高度往下砸，用大的锄头比用小的锄头锄出来的坑更深。这是什么原因呢？

图3-3　农耕体验（一）　　　　　　　　　　图3-4　农耕体验（二）

科学小提示

同一个同学用尽全力举到相同高度，说明该同学使用了同样大小的力，能够在地上锄出坑来说明力是可以通过锄头的柄从人传递到锄头上，从而在地上锄出坑来。而锄头越大坑越深，说明锄出来的坑的大小不仅和人给予的力量有关，还和锄头本身的质量有关系，质量越大说明相应的重力势能也越大，从而转换出来的力也越大。

想一想　你能告诉小A锄头质量与力的关系吗？怎么样表示力的大小呢？

探索之旅

本节课，我们要知道力的大小单位是_____；那么1kg的物体大概重多少牛呢？_____

［参考答案：牛顿（N）；10N（牛），力的换算公式为1N（牛顿）=0.1kg］

科学小提示

N是力的单位，即牛顿，简称牛。力的示意图（表示物体受力的作用点和方向）如图3-5所示。

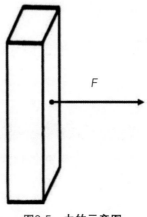

图3-5　力的示意图

实验小拓展：将多米诺骨牌（domino）按一定间距排成行，轻轻碰倒第一枚骨牌，其余的骨牌就会产生连锁反应，依次倒下。

数学小提示

在制作多米诺骨牌的过程中，我们会使用到函数方程和质量单位知识。你们了解了吗？

方程：是指含有未知函数的等式。如$f(x)=x-1$。方程可以有一个解，可以无解，也可以有多个解，甚至可以有无穷多个解。

数学课上，我们学过的质量单位有：（　　）、（　　）、（　　）。你知道一个鸡蛋有多重吗？

小贴士　一个鸡蛋约重50g。

科技作坊

任务情境 通过上面"探索之旅"的学习，小A知道了力的表示方法与换算公式，为了感谢同学们，他给大家带来了一个有趣的实验。

我们知道，力是一个物体对另一个物体的作用，我们做一个小小的力传递实验来看看力的威力吧！

我会做 实验：推倒多米诺骨牌

使用工具总览

操作名称	模块图例	模块说明
物体属性设置		对选中的物体属性（"材料"）进行设置
编程建模		通过编程进行物体形状建模
速度与受力		设置物体的速度或者受到的力的方向与大小

具体操作步骤

步骤1 **制作多米诺骨牌堆砌曲线。**

1. 点击"编程建模" 中的"函数方程" ，将"2D参数方程"拖到编程工作区。

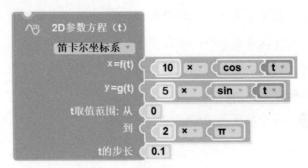

使用工具：编程建模—函数方程

2. 将"笛卡尔坐标系"改为"极坐标系"。

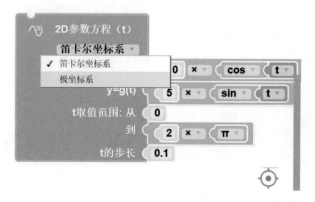

3. 修改第一个运算公式为"3"→"20"，扩大螺旋形曲线。

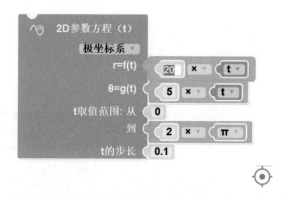

4. 点击软件界面左上角的运行按钮"▶"。

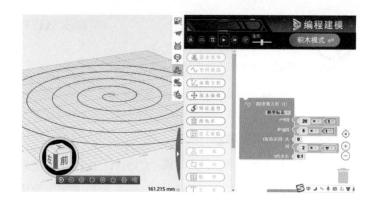

步骤2 **制作多米诺骨牌。**

1. 点击"编程建模" 🌰 中的"基本实体"（ 🎮 基本实体 ），点击"长方体"
模块回到编程工作区。

2. 将长度设为5，宽度设为1，高度设为10。

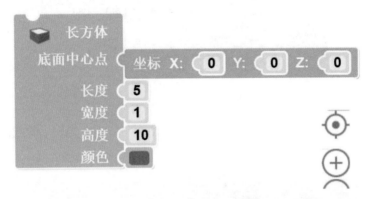

3. 点击软件界面左上角的运行按钮" ▶ "，让作为多米诺骨牌的长
方体能独立竖立在场景中。

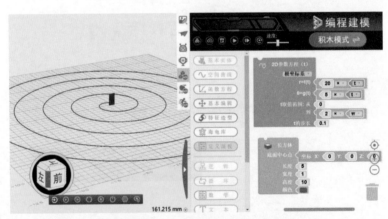

使用工具：编程建模—基本实体

步骤3 **移动和复制多米诺骨牌。**

1. 点击"基本编辑" 🟦 中的"移动" 🔧 工具，在弹出的对话框中，
将移动方式设为"点到点移动"，起始点为长方体底面中心，目标点
为螺旋曲线最外点，点击"确定"。

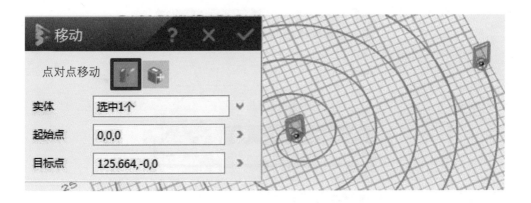

2. 点击"基本编辑 🔲"中的"阵列 🏾 "命令工具，在弹出的对话框中，将阵列方式设为"在曲线上 🟠 "，"基体"为长方体，"边界"为螺旋曲线，"间距"输入小于长方体高度数值（目的就是确保前一个长方体掉落时能砸到后一个长方体，进行力的传递），调整适当的阵列个数，增加骨牌数量。

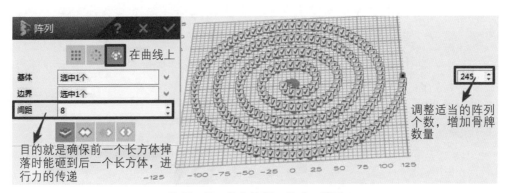

使用工具：基本编辑—移动、阵列

步骤4 **查看一个长方体的重力。**

点击"物体属性设置 🖼 "，点击"高级参数"，查看质量大小。长方体的质量与长方体的受力息息相关，根据重力与质量的换算公式 $G=mg=0.1\times9.8$，长方形的受力要大于0.98N。

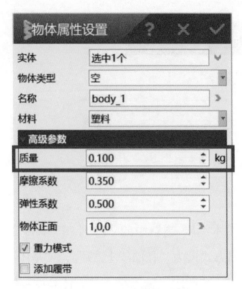

使用工具：物体属性设置

步骤5　设置初始受力（推力）。

1. 点击"速度与受力" F，左上角选项框选择"受力" ，选择
"点"受力，"实体"为螺旋形曲线最外围的长方体，"点"为长方
体上方中心点，"方向"为（0,-1,0），确保推力向下一个长方体方
向，"大小"为2N。

2. 点击左上角选项框"√"按钮表示确定。

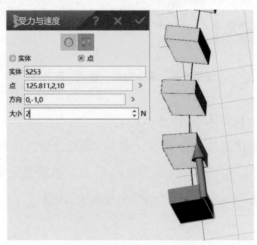

使用工具：受力与速度

步骤6 进入仿真环境。

点击  "进入仿真环境"。

步骤7 启动仿真。

点击 "启动仿真"。

实验效果： 沿着曲线方向的多米诺骨牌依次倒下。

想一想： 根据所学的力学知识和多米诺骨牌案例的制作，请尝试从科学的角度解释首块骨牌能够推倒所有骨牌的原因。

评 价

评价指标	自评
我能对所学知识进行总结、反思、探索	☆ ☆ ☆ ☆ ☆
我能根据模型所需材质，在3D One AI软件的"物体属性设置"对选中物体属性（"材料"）进行设置	☆ ☆ ☆ ☆ ☆
我知道了力的相关知识，并能在3D One AI软件中设置物体受到的力的方向与大小	☆ ☆ ☆ ☆ ☆

收获与体会：

知识拓展

脑洞大开小实验

指甲盖大小的多米诺骨牌可以推倒像门一样大的骨牌（如下图所示），这是真的吗？请试一试吧！

脑洞大开小实验

思考：

指甲盖大小的多米诺骨牌推倒门一样大小的骨牌，这样的现象你觉得神奇吗？

日常生活中我们看到过类似的现象吗？

知识链接　在多米诺骨牌的世界中有个专业术语叫作多米诺效应，意思就是骨牌的初始能量非常小，但是最后却能量变引起质变。

例如：头上掉一根头发，很正常；再掉一根，也不用担心；还掉一根，仍旧不必忧虑……长此以往，一根根头发掉下去，最后秃头出现了。哲学上叫这种现象为"秃头论证"。

往一匹健壮的骏马身上放一根稻草，马毫无反应；再添加一根稻草，马还是丝毫没有感觉；又添加一根……一直往马儿身上添稻草，当最后一根轻飘飘的稻草放到了马身上后，骏马竟不堪重负，瘫倒在地。这在社会研究学里，取名为"稻草原理"。

第一根头发的脱落，第一根稻草的出现，都只是无足轻重的变化。但是当这种趋势一旦出现，还只是停留在量变的程度，难以引起人们的重视。只有当它达到某个程度的时候，才会引起外界的注意，但一旦"量变"呈几何级数出现时，灾难性镜头就不可避免地出现了。

当然，这些大小不一的多米诺不是随意制造的，相差太大容易卡住，它们之间存在着一定的比例关系，后面一个的体积都是前面一个的1.5倍。

你能将这个实验利用3D One AI软件呈现出来吗？

第 4 课
我们的点亮实验——
闪烁的乐安花灯

扫码观看
操作视频

知识导航

　　灯的出现给我们生活带来了极大的便利，而花灯除了具有照明功能外，还十分美观。花灯创作在创意的编织下，必须融入结构、力学、电学、美学、材料学等知识，难度较高。让我们也来做一盏富有创意的花灯吧！

学习目标

操作技能

　　1.学会设置物体电子件。

　　2.学会利用"成组固定"工具，将花灯部件固定组合。

　　3.学会利用编程模块编写程序，控制彩灯亮灭。

学科知识

　　1.科学：学会连接一个简单的电路，让小灯泡亮起来；学会修复电路故障。

　　2.语文：对中国传统文化有一定了解，培养审美能力，激发爱国之情。

　　3.数学：掌握常用的时间单位：年、月、日、时、分、秒，会解答有关时间的实际问题。

研学小站

乐安花灯会

　　早在明代朱元璋洪武三年，西隆堡（乐安）这里的村民便有正月十五"庆灯"的习惯，家家户户张灯结彩。每年正月初十为"开灯"，正月初九为乐安圩期，人们纷纷来乐安买灯。慢慢地，乐安便形成灯市，专门摆卖花灯。卖灯的人多，造灯的人也不少。邻近的岗头村，几乎家家有人造花灯。因此，佛山曾有"工艺之乡"的美誉。到了清代的"康、雍、乾"年间，这里的花灯更加兴旺，出现万人空巷看花灯的欢乐场面。花灯的品种多、工艺巧，寓意丰富：莲花灯象征花开富贵、观音送子；橘灯象征如意吉祥；鲤鱼灯象征鱼跃龙门；八角灯象征八面逢源……

　　图4-1为广东省文化馆花灯展示。本节课，试着将我们做好的3D乐安花灯模型点亮起来吧（如图4-2所示）！

图4-1　广东省文化馆花灯

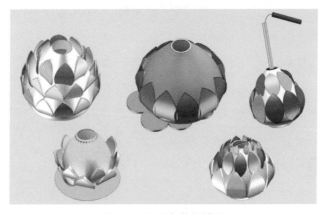

图4-2　3D乐安花灯模型

探索之旅

为什么彩灯能亮起来？彩灯需要什么材料才能亮起来？

说说你的想法：_____

科学小提示

点亮乐安花灯首先要了解电的知识：

（1）一个完整的电路包括电源、导线、用电器和开关四部分。

（2）电流从电池的正极经导线流出，通过小灯泡，再回到电池的负极，形成一个闭合的电路，小灯泡就会亮起来了，这样的电路叫通路，如图4-3所示。

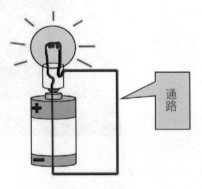

图4-3　通路

数学小提示

点亮花灯后，我们想让花灯亮多久呢？我们先来了解时间的数学知识吧！

时间单位：数学课上我们学过的时间单位有（　　）、（　　）、（　　）、（　　）、（　　）、（　　）。

练一练　1时=（　　）分，1分=（　　）秒，一刻钟=（　　）分

科技作坊

任务情境 请利用3D One AI软件设计制作五彩乐安花灯闪烁灯光效果。

我觉得五彩乐安花灯的效果是这样的：＿＿＿＿＿＿＿＿＿＿＿＿＿＿＿

＿＿＿＿＿＿＿＿＿＿＿＿＿＿＿＿＿＿＿＿＿＿＿＿＿＿＿＿＿＿＿＿＿

＿＿＿＿＿＿＿＿＿＿＿＿＿＿＿＿＿＿＿＿＿＿＿＿＿＿＿＿＿＿＿＿＿

＿＿＿＿＿＿＿＿＿＿＿＿＿＿＿＿＿＿＿＿＿＿＿＿＿＿＿＿＿＿＿＿＿

我会做 **五彩乐安花灯**

使用工具总览

操作名称	模块图例	模块说明
设置电子件模型		设置物体电子件
成组固定		设置两个或者以上物体组成整体
编程设置控制器		编写程序，控制物体

具体操作步骤

步骤1 导入乐安花灯模型。

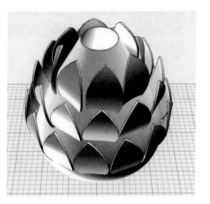

注意：导入自制模型可能存在的问题

请将自己做的花灯模型导入到3D One AI，启用仿真看看效果吧！你发现自己制作的花灯是否存在以下问题呢？

问题1：彩灯底座为什么会弹起来？

解释：如果彩灯模型位置下陷到地面以下，3D One AI会将模型弹上去。

解决方法：移动到平面以上，摆正彩灯。

问题2：整个彩灯歪了，如何调整呢？

解决方法：回到3D One软件调整方向。

问题3：彩灯的花瓣和灯的底座会脱离灯芯，那如何让彩灯灯芯、花瓣和底座组合在一起呢？

解决方法：使用"成组固定"将彩灯灯芯、花瓣和底座、灯芯组合在一起。

步骤2 **固定整个乐安花灯。**

点击"组 ⚙ "工具中的"成组固定 ⚙ "，在弹出的对话框中选择"实体"为"花瓣、灯芯和底座（这里可以框选）"，单击确定 ✔ 。

使用工具：组—成组固定

步骤3 设置灯芯为LED灯电子件。

点击"设置电子件模型" 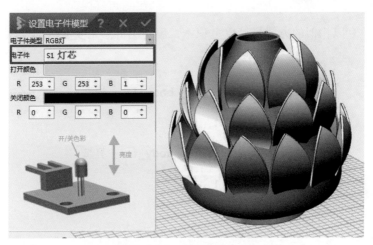，在弹出的对话框中，将"电子件类型"设为"RGB灯"，电子件为"灯芯"，打开颜色为"黄色（也可以选择自己喜欢的颜色）"，关闭颜色为"黑色"，单击确定 。

使用工具：设置电子件模型

步骤4 编程控制灯的亮灭。

1. 点击"编程设置控制器" ，点击"电子件" ，选择"电子件"中的"设置RGB灯亮起" 积木，拖动到"仿真循环" 积木内。

使用工具：编程设置控制器

2. 点击"控制" ，选择"控制"中的"等待" 积木拖动到"仿真循环" 积木内，修改等待的时间，即控制彩灯的亮起时长。

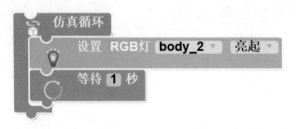

3. 以相似的方式拼接以上积木，编写出五彩乐安花灯的程序。

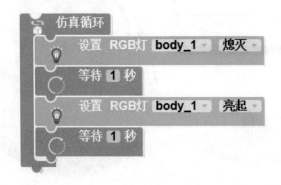

【操作小技巧】对于同类积木，右击该积木，在弹出的快捷菜单中选择"复制"。

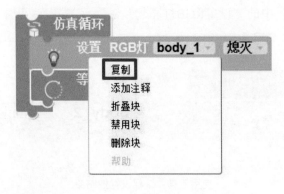

步骤5 　进入仿真环境。

点击 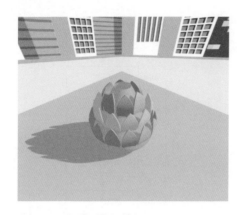"进入仿真环境"。

步骤6 　启动仿真。

点击 "启动仿真"。

实验现象：乐安花灯闪烁。

评 价

评价指标	自评
我了解了中国传统花灯文化	☆☆☆☆☆
我学会了使用3D One AI软件中"成组固定"连接模型部件	☆☆☆☆☆
我学会了使用3D One AI软件中的"设置电子件模型"功能设置RGB灯电子件	☆☆☆☆☆
我能通过3D One AI软件中的"编程设置控制器"，编写程序控制乐安花灯的亮灭	☆☆☆☆☆

收获与体会：_____

_____

知识拓展

根据上面指引做的五彩乐安花灯效果你满意吗？你觉得你心中的五彩乐安花灯是怎么样的呢？请仿照样例写下程序流程图，并根据流程图编写程序，设计酷炫的五彩乐安花灯吧！

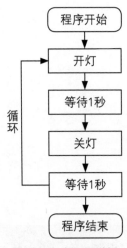

指引程序流程图样例

第**5**课

我们的交通信号灯——
红绿灯的控制

▶ 扫码观看
操作视频 ◀

知识导航

　　交通信号灯由红灯、绿灯、黄灯组成，是指挥交通运行的信号灯。红灯亮起时表示禁止通行，绿灯亮起时表示准许通行，黄灯亮起时则表示警示。红绿灯设有感应控制，为了让交通信号灯能适应不同路口的车流量，一般管理部门会在交叉口进口道上设置车辆检测器，交通信号灯配时方案由计算机或智能化信号控制机计算，可随检测器检测到的车流信息而随时改变。交通信号灯展现了人类的智慧，现在我们也去点亮我们的智慧之光吧！

学习目标

操作技能

　　1.学会多个电子件编程设计方法。

　　2.了解编程设计中的顺序结构的概念与应用方法。

学科知识

　　1.科学：了解交通信号灯使用红黄绿颜色的原因；合理设计红绿灯的时间。

　　2.语文：了解交通信号灯的来源；留心周围事物，并对其进行观察。

3. 数学：掌握时间单位的换算；能通过感知秒数的长度设计红绿灯各自亮灯时长。

研学小站

红绿灯的由来

1868年12月10日，英国机械师德-哈特设计、制造的灯柱挂着一盏红、绿两色的提灯——煤气交通信号灯成为城市街道的第一盏交通信号灯。1914年，我国的胡汝鼎在美国通用电气公司任职。一天，他站在繁华的十字路口等待绿灯信号，当他看到红灯正要熄灭时，一辆转弯的汽车"呼"的一声，与他擦身而过，令他惊出一身冷汗。回到宿舍他反复琢磨，终于想到在红绿灯中间再加上一个黄色信号灯，提醒人们注意危险。他的建议立即得到有关方面的肯定，于是红、黄、绿三色信号灯出现在世界上。

观看本课拓展资料中的视频动画，看看开心超人的星球出现的大麻烦是什么？如果我们附近的道路变成这样怎么办呢（如图5-1所示）？

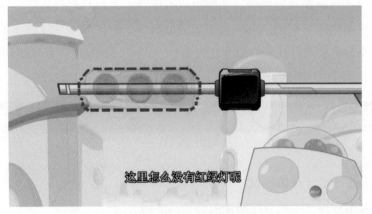

图5-1　开心超人星球的麻烦

答案： 红绿灯都变回模型，没办法使用了，人们在车流中过马路。

探索之旅

本节课，我们要知道交通信号灯为什么使用红黄绿三种颜色。

科学小提示

三原色：三原色光模式（英语：RGB color model），又称RGB颜色模型或红绿蓝颜色模型，是一种加色模型，将红（Red）、绿（Green）、蓝（Blue）三原色的色光以不同的比例相加，以产生多种多样的色光。

数学小提示

虽说我们无时无刻不与时间打交道，但是我们真的了解时间吗？我们真的知道时间究竟是什么吗？完成下面的小测试。

平年全年有（　　）天，闰年全年有（　　）天，一年有（　　）个月，1时=（　　）分，1分=（　　）秒。

生活小调查

你认为红绿灯的间隔时间长短与过往车辆多少有关系吗？请选择任意十字路口进行调查。

南北路口	绿灯时间	通过车数量	东西路口	绿灯时间	通过车数量

结论

　　十字路口交通信号灯交替变化是有规律的，一般顺序是：直行、右转、左转、直行同时左右转。不同的城市、不同的路口，稍有差别。

　　十字路口交通信号灯间隔时间和路况以及车流量、人流量相关。国道一般30秒，城市交通要道10秒，分岔十字路口一般为两种情况：车多一侧15秒，车少一侧10秒。不同城市、不同路口也稍有差别，常见的还有30秒、90秒等。

科技作坊

任务情境　我们平时在路上看到的红绿灯亮灯时间各是多久呢？请你去查一查，数一数！

　　　　　　你的观察是：红灯亮＿＿＿＿＿秒，绿灯亮＿＿＿＿＿秒，黄灯亮＿＿＿＿＿秒。

　　　　　　请利用3D One AI软件实现交通信号灯控制。

小提示　本次红绿灯的时间参数为绿灯亮30秒，黄灯亮3秒，红灯亮10秒。

我会做　**实验：交通信号灯控制**

使用工具总览

操作名称	模块图例	模块说明
设置电子件模型		设置物体电子件
成组固定		设置两个或者以上物体组成整体
编程设置控制器		编写程序，控制物体

具体操作步骤

步骤1 导入交通信号灯模型。

步骤2 固定整个红绿灯。

点击"组 🔺"工具中的"成组固定 🔺"，在弹出的对话框中设置"实体"为"整个红绿灯（这里可以框选）"，单击确定 ✅。

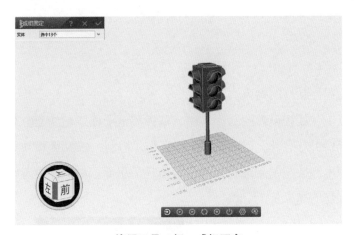

使用工具：组—成组固定

步骤3 设置红黄绿灯作为LED灯电子件。

1. 点击"设置电子件模型"🔲，在弹出的对话框中，将"电子件类型"设置为LED灯，"电子件"分别为绿灯、黄灯和红灯，"打开颜色"根据灯的颜色选择。

2. 点击确定 ✅。

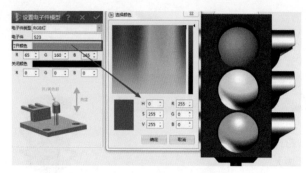

使用工具：设置电子件模型

颜色设置小提示：为保持颜色一致，可以统一设置颜色参数，比如：

红色   黄色   绿色

	红色				黄色				绿色	
H	0	R	255	H	60	R	255	H	120	R	0
S	255	G	0	S	255	G	255	S	255	G	255
V	255	B	0	V	255	B	0	V	255	B	0

步骤4   **编程控制灯的亮灭。**

点击"编程设置控制器" 🔧，选择"电子件" 电子件 模块中的"设置LED灯亮起" 设置 RGB灯 body_2 亮起 和"控制" 等待 0 秒 模块中的"等待"积木和并拖动到编程区"仿真循环"里面。按顺序设置绿灯、黄灯、红灯的亮灭。

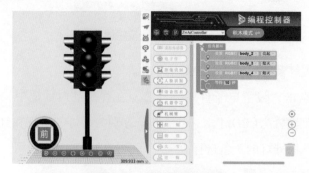

使用工具：编程设置控制器

编程解析提示

问题1：红绿灯每次开启只有一盏灯亮起，如何编写程序呢？

解析：以绿灯为例子，当绿灯是亮起状态的时候，红灯、黄灯必须是熄灭状态。

问题2：红绿灯每种灯的亮起时间不一样，如何设置呢？

解析：红绿灯每种灯的亮起时间是由亮起后"等待"的时间模块决定的，因此，可根据自己的实际经验修改每种灯亮起的"等待"时间。

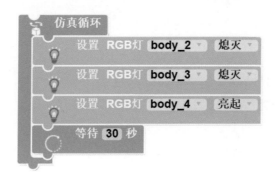

问题3：红绿灯每种灯要依次亮起应该如何编写程序呢？

解析：按每盏灯亮起的顺序依次将问题2的模块组排列起来，注意每个模块组亮起的灯是不一样的哦！

这种编程结构就叫作顺序结构，顺序结构的程序设计是最简单的，只要按照解决问题的顺序写出相应的语句就行，它的执行顺序是从上到下，依次执行。

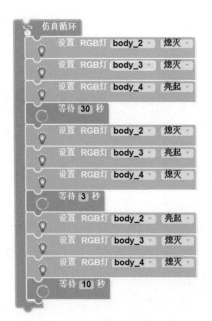

步骤5 进入仿真环境。

点击 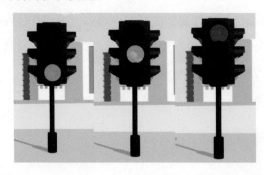 "进入仿真环境"。

步骤6 启动仿真。

点击 "启动仿真"。

实验现象： 红绿灯每种灯依次亮起。

评 价

评价指标	自评
在日常生活中我善于观察	☆ ☆ ☆ ☆ ☆
我能设置3D One AI软件"关节设置"中的插销关节	☆ ☆ ☆ ☆ ☆
我学会了在3D One AI软件通过编程控制多个电子件的方法	☆ ☆ ☆ ☆ ☆
我了解了编程顺序结构的意思，并能在以后编写程序中应用这样的结构	☆ ☆ ☆ ☆ ☆

收获与体会：_____

_____

知识拓展

1. 以上程序只能将一个模块化的红绿灯启动，但是根据生活经验，你发现上面程序中哪盏灯的亮灯方式存在问题？请根据上节课所学的闪烁的乐安花灯的知识进行修改吧！

根据观察，我发现_____灯亮灯方式存在问题。

我的修改方案是：_____

_____

_____

_____

_____

（参考答案：黄灯闪烁3次程序如右所示。）

2. 请观察下面十字路口需要多少个红绿灯指挥交通呢？你能编写程序同时控制这么多个红绿灯的亮灭吗？想一想，试一试吧！

我的解决方法：_____

_____

_____

第6课
我们的智能小车——
键盘驾驶小车

扫码观看
操作视频

知识导航

智能车辆是在车辆上增加了先进的传感器、控制器、执行器等装置，通过车载环境感知系统和信息终端，实现人、车、路等的信息交换，使车辆具备智能环境感知能力，能够自动分析车辆行驶的安全状态，并使车辆按照人的意愿到达目的地，最终实现替代人来操作汽车的目的。

总的来说，智能汽车是搭载先进传感系统、决策系统、执行系统，运用信息通信、互联网、大数据、云计算、人工智能等新技术，具有部分或完全自动驾驶功能，由单纯交通运输工具逐步向智能移动空间转变的新一代汽车。

科技的发展就在我们身边，发挥你的创造力，利用你的聪明才智，制作属于自己的智能小车吧。

学习目标

操作技能

1. 掌握利用"关节设置"的功能将电机与车轮连接的方法。

2. 学会设置电机电子件。

3.学会使用"设置马达转速模块"积木和"如果"条件控制指令让键盘按键控制小车行走。

学科知识

1.科学：了解电机运转的原理和车轮转动原理。

2.语文：阅读智能小车的相关介绍，提取制作键盘驾驶小车的相关信息；搜集资料了解我国红旗汽车发展的历史，增强民族自豪感。

3.数学：理解速度含义，会读写速度，感知不同速度的快慢；能应用速度与时间路程之间的关系解决一些简单的实际问题。

研学小站

红旗汽车

今天，我们走进红旗轿车体验中心，认识我国汽车工业的旗帜。

时至今日，红旗轿车已经有超过60年的历史，在二十世纪六七十年代，红旗轿车是中国汽车工业的一面旗帜。改革开放后，"红旗"在继续承担"国车"重任的同时，开始了市场化进程。目前，"红旗"已经构建了"一部四院"的研发体系，形成了"三国五地"的全球研发布局。"红旗"一直以来都没有停止前进的脚步，不断创新。为了满足普通消费者的日常用车需求，"红旗"走亲民路线；为了紧跟潮流变化，"红旗"推出新能源车型，丰富消费者的选择面。上市以后，这些车型都取得了不错的销量成绩，获得了消费者的认可。

图6-1所示为汽车结构，那你知道汽车是通过什么来控制车的前进后退和转向的吗？

发动机

半轴
主减速器和差速器
万向节
中间支承
传动轴
变速器
半轴

图6-1 汽车结构示意

探索之旅

本节课，我们要知道现代电动汽车为什么能自由转动和快速行驶。

科学小提示

　　电机运转原理：电机（也称马达）是用电产生动力的机器。它们虽然大小悬殊、构造各异，但工作的基本原理相同：用电产生磁，利用磁的相互作用转动。

　　车轮转动原理：通过半轴和差速器将动力传到车轮上，带动车轮的旋转和转向。

数学小提示

　　速度定义：每分（每秒、每小时）行驶的路程叫速度。

　　公式：速度×时间＝路程

　　你知道的速度单位有哪些？＿＿＿＿＿＿＿＿＿＿＿＿＿＿＿＿＿。

　　小贴士 一辆汽车每小时行驶70千米，可以写成70千米/时。

科技作坊

任务情境 本节课我们要通过设置小车模型相关属性，编写程序，尝试使用键盘操控我们的小车模型行驶，体验一把虚拟的赛车实验。你觉得你的智能小车应该由几个电机驱动运行（在实验中用电机代替发动机）？

你的想法是：_____

你的做法是：_____

我会做 **实验：键盘驾驶小车**

使用工具总览

操作名称	模块图例	模块说明
成组固定	▬	将零件成组连接
关节	🔗	设置一物体与另一物体的连接关节
设置电子件模型	⬚	设置物体电子件
编程设置控制器	🐞	编写程序，控制物体

具体操作步骤

步骤1 **导入小车模型。**

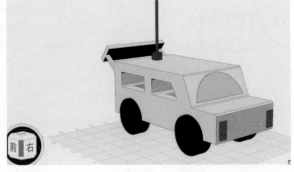

步骤2 将车轮以外不动的零件成组固定。

1. 打开"组 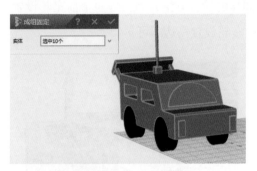"工具，单击"成组固定"，依次选择车灯、车窗、无线信号接收设备、电机圆柱等零部件（4个车轮除外）。

2. 点击确定。

使用工具：组—成组固定

步骤3 设置车轮与电机圆柱体连接关节。

1. 点击"关节设置"，在打开的"关节设置"对话框中，设置"实体1"为轮子，"实体2"为电机圆柱体，"锚点"需要点击" "箭头，选择"曲率中心"，然后点击电机圆柱体与轮子接触的电机曲线，"轴心"选择轮子中心点外侧。

2. 点击确定。

3. 以同样方法设置另外3个电机圆柱体与轮子的关节连接。

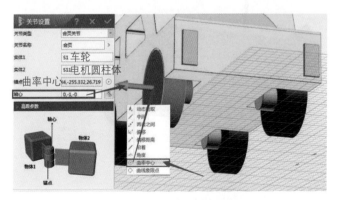

使用工具：关节—关节设置

步骤4 设置电机圆柱体作为马达电子件。

1. 在打开的"设置电子件模型" 对话框中，将"电子件类型"设置为"马达"，"电子件"设置为"电机圆柱体"，"正速度方向"设置为车轮中心，单击确定 。

2. 使用同样的设置方法，为另外一个前车轮设置马达（注意：此处只为两个前车轮设置马达即可）。

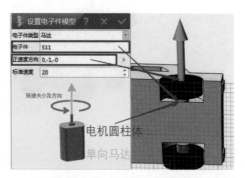

使用工具：设置电子件模型

步骤5 检查小车装配是否齐全。

1. 点击小车模型车身，在弹出的横向选项框中选择"属性列表" 。

2. 点击列表中的属性，查看不同零件的物理属性和电子件属性。

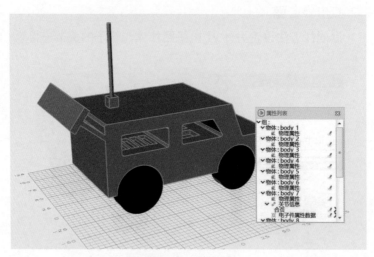

使用工具：属性列表

步骤6 编程使用键盘驾驶小车。

1. 点击"编程设置控制器" ，点击"电子件"模块，选择"设置马达转速模块"积木等并拖动到编程区"仿真循环"里面。

2. 编程完成后，点击左上角保存按钮。

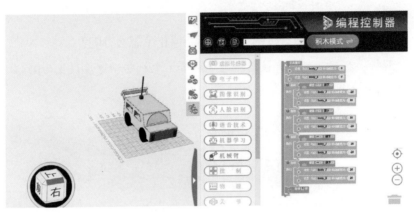

使用工具：编程设置控制器

编程解析提示

问题1：小车马达驱动轮子的程序是怎么样的呢？

解析：

左电机向前转： 设置 马达 **body_7** 转动速度为 **-20**

右电机向前转： 设置 马达 **body_8** 转动速度为 **20**

小提示 如果将马达的转动设置为都是正数或者都是负数会出现什么情况呢？试一试。

电机运行时间： 等待 **1** 秒

问题2：如何使用键盘控制小车马达按指令行走呢？

解析：使用条件控制命令积木，当侦测到对应按键按下，满足"如果"语句中的条件，则能执行"执行"框内积木命令。

条件控制指令   按键侦测

问题3：当按下键盘按键小车就不会停止了怎么办呢？

解析：程序开始或者最后将左电机和右电机转动速度设置为0，让每次循环1秒后能自动停止所有马达。

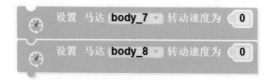

参考程序如下：

步骤7 进入仿真环境。

点击 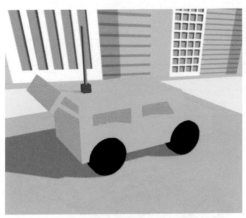 "进入仿真环境"。

步骤8 启动仿真。

点击 "启动仿真"。

实验现象： 使用设置好的键盘按键就能控制小车行驶。

评 价 ☆

评价指标	自评
阅读智能小车的相关介绍，提取制作键盘驾驶小车的相关信息搜集资料了解我国红旗汽车发展的历史，增强民族自豪感	☆ ☆ ☆ ☆ ☆
我能利用"关节设置"的功能在3D One AI软件中将马达与车轮连接起来	☆ ☆ ☆ ☆ ☆
我学会了在3D One AI软件中使用"设置马达转速模块"和"如果"条件控制指令让键盘按键控制小车行走	☆ ☆ ☆ ☆ ☆

收获与体会：_____

_____

知识拓展

你制作的智能小车使用键盘驾驶，感觉是不是十分好玩呢？但是在驾驶的过程中，你是否发现车子存在一些问题？例如：紧急刹车的时候车子会前倾？这是为什么呢？你能通过之前所学的3D One AI软件知识解决这个问题吗？

你的想法：＿＿＿＿＿＿＿＿＿＿＿＿＿＿＿＿＿＿＿＿＿＿＿＿＿＿＿＿＿＿

＿＿＿＿＿＿＿＿＿＿＿＿＿＿＿＿＿＿＿＿＿＿＿＿＿＿＿＿＿＿＿＿＿＿＿＿＿＿

你的解决方法：＿＿＿＿＿＿＿＿＿＿＿＿＿＿＿＿＿＿＿＿＿＿＿＿＿＿＿＿

＿＿＿＿＿＿＿＿＿＿＿＿＿＿＿＿＿＿＿＿＿＿＿＿＿＿＿＿＿＿＿＿＿＿＿＿＿＿

（答案1：紧急刹车的时候车子会前倾与车子轮胎摩擦力不够有关系。解决方法：将车子四个轮子的物理属性设置为橡胶，增大摩擦力，就能减缓车子前倾的问题。

答案2：紧急刹车的时候车子会前倾与车子重量有关系，车子越重，惯性越大。解决方法：减慢车速。）

你在测试中还存在什么问题呢？请写下来和大家一起讨论交流解决方法吧！

我的疑问：＿＿＿＿＿＿＿＿＿＿＿＿＿＿＿＿＿＿＿＿＿＿＿＿＿＿＿＿＿＿

＿＿＿＿＿＿＿＿＿＿＿＿＿＿＿＿＿＿＿＿＿＿＿＿＿＿＿＿＿＿＿＿＿＿＿＿＿＿

我的解决方法：＿＿＿＿＿＿＿＿＿＿＿＿＿＿＿＿＿＿＿＿＿＿＿＿＿＿＿＿

＿＿＿＿＿＿＿＿＿＿＿＿＿＿＿＿＿＿＿＿＿＿＿＿＿＿＿＿＿＿＿＿＿＿＿＿＿＿

知识导航

　　汽车的环保问题，日益成为人们关注的重点。人们希望理想的汽车能够从生产到其使命终结，整个运行过程对环境不产生污染：无排放污染物、无噪声、报废车辆的材料可回收及再生，不造成二次污染，而目前能接近这个目标的就是有轨电车了！你想拥有一辆有轨小车吗？你了解餐厅服务机器人或者仓库搬运机器人是如何沿着图片中的黑线行进的吗（如图7-1所示）？让我们也制作一个自动循迹小车实现类似的循迹功能吧！

图7-1　**餐厅服务机器人**

学习目标

操作技能

1.掌握物理属性"物体类型"和"材料"的设置方法。

2.学会设置循迹传感器的电子件模型方法。

3.学会使用编程中的循迹模块等判断轨迹路线，跟随轨迹行走。

学科知识

1.科学：了解光敏电阻和LED的工作原理及应用。

2.语文：感受科技对出行方式的改变，激发好奇心和求知欲。

3.数学：结合情境，了解负数的产生历史，掌握正、负数的表示方法；对正、负数进行运用，感受正、负数在生活中的实际意义。

研学小站

现代有轨电车

现代有轨电车具有平稳舒适、交通品质好；线路适应性强、布设灵活，转弯半径小；运量适中，建设工期短，车辆寿命长；低碳环保，造价较低，可提升城市形象等主要技术特征，是城市公共交通方式中的重要构成部分。

目前，国内城市轨道交通发展建设逐步推进，有轨电车已在不少大中城市规划建设。2019年，中国现代有轨电车已建成线路长度达318.15千米，较2018年增加了116.72千米，同比增长57.9%（如图7-2所示）。

图7-2　有轨电车

那么为什么有轨电车被叫作"空中铁路"呢？它有什么优势呢？

探索之旅

　　"空中铁路"的前身是什么呢？电车或者有轨电车的前身是1879年德国工程师维尔纳·冯·西门子首创的使用电力带动的轨道电车，后传入欧美作为客运交通投入量产使用（如图7-3所示）。现在的广州还有这样的有轨公交车可以乘坐哦！

图7-3　轨道电车

　　此外，现在好多机器人的赛事也推出了类似的循迹车竞赛，例如创客魔方机器人比赛（如图7-4所示），既烧脑又刺激！

图7-4　创客魔方机器人比赛

科学小提示

　　光敏电阻是用硫化镉或硒化镉等半导体材料制成的特殊电阻器，其工作原理是基于内光电效应，光照愈强，阻值就愈低，随着光照强度的升高，电阻值迅速降低，亮电阻值可小至1kΩ以下。光敏电阻对光线十分敏感，其在无光照时呈高阻状态，暗电阻一般可达1.5MΩ。随着科技的发展，光敏电阻因其特殊性能，得到了极其广泛的应用。

数学小提示

　　我们每天都和数打交道，你们对学过的数熟悉吗？数学课上，我们认识了负数，你能写出几个负数吗？

　　小贴士　算术比赛，答对了3道题记作+3，答错2道题则记作-2。

科技作坊

任务情境　请利用3D One AI软件中红外循迹模块编写程序，实现智能小车自动跟随轨迹行走的实验。

小提示　红外循迹模块的工作原理为当循迹模块发射的红外线照射到黑线时，红外线将会被黑色轨道吸收，导致循迹模块上光敏三极管处于关闭状态，此时模块上一个LED熄灭；在没有检测到黑色轨道时，模块上两个LED常亮，由此判断小车是否在黑色轨道上。

我会做　实验：自动循迹小车

使用工具总览

操作名称	模块图例	模块说明
成组固定		将零件成组连接

续表

操作名称	模块图例	模块说明
物体属性设置		对选中物体属性（"物体类型""材料"）进行设置
关节		设置一物体与另一物体的连接关节
设置电子件模型		设置物体电子件
编程设置控制器		编写程序，控制物体

具体操作步骤

步骤1 导入自动循迹小车模型。

步骤2 将车轮以外不动的零件成组固定。

1.单击"组 "工具中的"成组固定 "。

2.依次单击除车轮以外不动的零部件，并单击确定 。

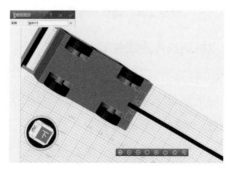

使用工具：组一成组固定

步骤3 设置轮胎的物理属性。

按住Ctrl键选中4个轮胎，选择"物体属性设置" ，将"材料"选项设置为"橡胶"。

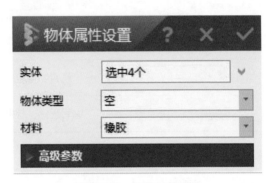

使用工具：物体属性设置

步骤4 设置巡线路径为轨迹属性。

点击黑色巡线路径，选择"物体属性设置" ，将"物体类型"选项设置为"轨迹"。

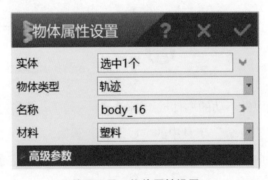

使用工具：物体属性设置

步骤5 设置车轮与电机圆柱体连接关节。

1. 点击"关节设置 "，在弹出的"关节设置"对话框中，设置"实体1"为电机圆柱体，"实体2"为轮子，"锚点"需要点击" "箭头，选择"曲率中心"，然后点击电机圆柱体与轮子接触的电机曲线，"轴心"选择轮子中心点外侧。

2. 点击确定 。

3. 使用以上操作方法为其他3个轮子设置关节。

使用工具：关节—关节设置

步骤6　**设置电机圆柱体作为马达电子件。**

1. 在打开的"设置电子件模型"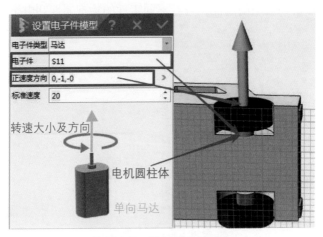 对话框中，将"电子件类型"设置为"马达"，"电子件"设置为"电机圆柱体"，"正速度方向"设置为车轮中心，单击确定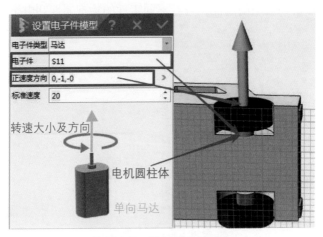。

2. 使用同样的设置方法，为另外一个前车轮设置马达（注意：此处只为两个前车轮设置马达即可）。

使用工具：设置电子件模型

步骤7 设置循迹模块电子件。

1. 点击"设置电子件模型" 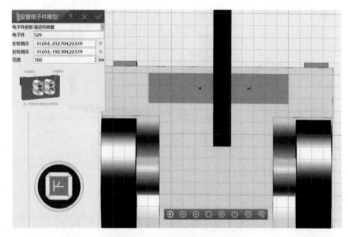，在弹出的对话框中，将"电子件类型"设置为"循迹传感器"，"电子件"为做好的循迹模块，"左检测点"是右边的圆柱体，"右检测点"是左边的圆柱体，"范围"为100mm。

思考：为什么左右检测点对应的圆柱体会相反呢？

2. 点击确定 ✓。

使用工具：设置电子件模型

步骤8 检查小车装配是否齐全。

1. 点击小车模型车身，在弹出的横向选项框中选择"属性列表" 。

2. 点击列表中的属性，查看不同零件的物理属性和电子件属性。

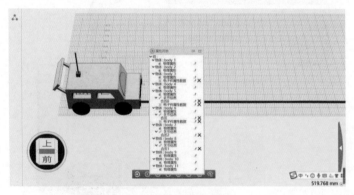

使用工具：属性列表

步骤9 **编程控制自动循迹小车。**

1. 打开"编程设置控制器" 点击"虚拟传感器" ，选择"设置循迹传感器启用" 和"循迹传感器检测到左边是轨迹" 等积木并拖动到编程区"仿真循环"里面。

2. 编程完成后，点击左上角保存按钮。

使用工具：编程设置控制器

编程解析提示

问题1：小车如何启动循迹模块开始检测轨迹？

解析：将"设置循迹传感器启用"模块放置在"仿真循环"前，启动循迹模块。

问题2：小车如何使用循迹模块检测轨迹，正确按照轨迹路线行走呢？

解析：循迹模块有左右两个检测点，小车初始位置放置在轨迹中间，即两个检测点没有检测到黑色轨道执行前进命令，使用"如果"模块进行条件判断。

当小车行驶过程中向左偏移或者向右偏移离开黑色轨道时，对应好的左右检测点会各自检测到黑色，这时小车要根据编程指令相应右偏移或者左偏移，返回黑色轨道。

当小车行驶到终点，循迹模块两个检测点都检测到黑色，就代表到达终点，小车停止。

步骤10 进入仿真环境。

点击 "进入仿真环境"。

步骤11 启动仿真。

点击 "启动仿真"。

实验现象：小车能根据黑色轨迹行驶直至到达终点。

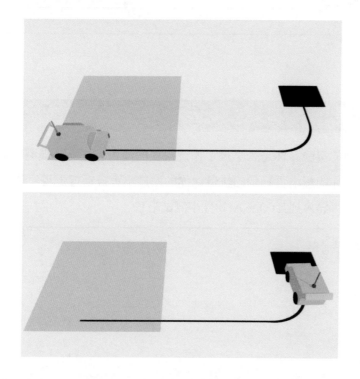

评　价

评价指标	自评
我感受到科技对出行方式的改变，希望自己制作一台自动循迹小车	☆☆☆☆☆
我了解了循迹模块的工作原理，并能在3D One AI软件中设置循迹模块电子件	☆☆☆☆☆

续表

评价指标	自评
我学会了在3D One AI软件中使用编程中的循迹模块等判断轨迹路线，让小车跟随轨迹行走	☆ ☆ ☆ ☆ ☆

收获与体会：_____

_____

知识拓展

通过上面的实验，你是否掌握了循迹模块的使用方法呢？模型中的轨迹是否太简单了呢？你能想出更好玩的轨道让你的循迹小车自动行走吗？请使用3D One软件画出来，再导入到3D One AI软件中测试吧！

我的循迹轨迹设计图：

扫码观看
▶ 操作视频 ◀

知识导航

智慧住宅门口装了密码锁、指纹锁以及能通过扫描检测是否是主人的摄像头。门口的情况可以全方位地通过电脑监控起来，随时报告给主人。当房子里面的主人同意让客人进来时，只要他向电脑发出语音指令，门就立刻打开。如果坏人想进来的话，即使主人不在，门口的红外线和监控也会及时报警，并通知主人，如图8-1所示。

图8-1 **智慧之家**

还记得我们曾对未来的住宅产生过的幻想吗？随着科技的发展，充满智能的家已经悄悄来到我们身边，带给我们更舒适的生活体验。你是不是也想动手制作属于自己的智慧之屋呢？

学习目标

操作技能

　　1.掌握多个关节和多种电子件的设置方法。

　　2.掌握使用多个条件判断语句、根据要求指挥电子件运行的方法。

　　3.学会使用"编程设置控制器"中的人工智能模块进行"智慧化"家居设置。

学科知识

　　1. 科学：了解图像识别、语音识别、机器学习的工作原理及应用；理解环保的重要性并能在生活中做到力所能及的环保。

　　2.语文：阅读有关智慧之家的相关资料，感受科技发展对生活的影响。

　　3. 数学：初步掌握包含关系、与、或、非关系，会判断含有逻辑连接词的命题的真假；会进行简单的分类与整理；能准确判定垂直现象。

研学小站

小米家居体验馆

　　小米是一家以手机、智能硬件和IoT平台为核心的互联网公司，以智能手机、智能电视、笔记本等丰富的产品与服务致力于让全球每个人都能享受科技带来的美好生活。

　　我们身边的小米家居体验馆，可以让我们走进实地，在智能家居的体验中找寻充满创意又实用的科技创造，感受科技与生活的智慧融合，感受我国逐步成为智慧制造的国家，立志为"中国智造"贡献自己的力量。当然，你还可以借助相关视频，深入了解更多！

探索之旅

人工智能是一门研究、开发用于模拟、延伸和扩展人的智能的理论、方法、技术及应用系统的技术科学，简单而言就是研究如何使计算机去做过去只有人才能做的智能工作。目前，人工智能在智能家居中的常见应用有语音识别、图像识别等。

科学小提示

绿色能源、环保屋

近些年，我国经济迅速发展，城市化进程速度变快，但令人担忧的问题也随之出现，例如经济发展的同时出现环境污染问题。据统计，我国每年建筑垃圾产量大概35.5吨，储存量超出200亿吨，占地面积5亿平方米，占城市垃圾总量的40%。因此，现代新型环保的3D打印屋因其天然环保的材质与随心所欲的设计外形越来越受到人们的关注。

在纽约莱茵贝克建造的一座设计标新立异的3D打印环保屋吸引了全球各地的关注。该环保屋是由著名建筑设计师Steven Holl精心打造，几乎所有内部的零件都是3D打印制造的，如图8-2所示。

图8-2 3D打印环保屋

当然，除了它的外形设计外，这座3D打印环保屋的独特之处还在于它实现了与自然的完美融合，践行着可持续发展的原则。其一，环保屋由地热和太阳能供电，实现自给自足；其二，在环保屋选材方面，木材都是就地取材的可持续资源，甚至连3D打印都是由玉米淀粉为基础的生物塑料、在Holl的办公室完成的。这样的3D打印屋除了环保美观外，我们还可以给它赋予智能化的家具，这样的房子既环保又智能化，更能让我们感受到高新科技下环保的魅力。那么这样的智能化家具涉及哪些人工智能技术呢？

1. 语音识别

语音识别技术，也被称为自动语音识别（automatic speech recognition，ASR），其目标是将人类语音中的词汇内容转换为计算机可读的输入，例如按键、二进制编码或者字符序列。该技术尝试识别或确认发出语音的说话人而非其中所包含的词汇内容，如图8-3所示。

图8-3　语音识别

2. 图像识别

图像识别，是指利用计算机对图像进行处理、分析和理解，以识别各种不同模式的目标和对象的技术，是应用深度学习算法的一种实践应用。现阶段图像识别技术一般分为人脸识别与商品识别。人脸识别主要运用在安全检查、身份核验与移动支付中；商品识别主要运用在商品流通过程中，特别是无人货架、智能零售柜等无人零售领域，如图8-4所示。

图像的传统识别流程分为四个步骤：图像采集→图像预处理→特征提取→图像识别。图像识别软件国外代表的有康耐视等，国内代表的有图智能、海深科技等。

图8-4　图像识别

3. 机器学习

机器学习是一门多领域交叉学科，涉及概率论、统计学、逼近论、凸分析、算法复杂度理论等多门学科，专门研究计算机怎样模拟或实现人类的学习行为，以获取新的知识或技能，重新组织已有的知识结构使之不断改善自身的性能，如图8-5所示。

机器学习是人工智能核心，是使计算机具有智能的根本途径。

图8-5　机器学习

数学小提示

1. 包含关系：是概念外延关系的一种，通常指属种关系，记作B包含A，如图8-6所示。

2. 与、或、非关系："与"相当于生活中说的"并且"，就是两个条件都同时成立的情况下运算结果才为"真"；或相当于生活中的"或者"，当两个条件中有任一个条件满足运算结果就为"真"；非指的是"不是"，即和条件相反即可，如图8-7所示。

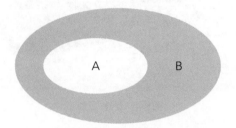

图8-6　包含关系

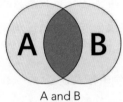

A and B
逻辑"与"运算

A or B
逻辑"或"运算

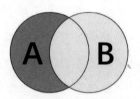

A nor B
逻辑"非"运算

图8-7　与、或、非关系

练一练：

1. 下面哪个数大于5且（与）小于10（　　），哪个数小于3或者大于16（　　），下面哪些数不（非）大于10（　　）。

A.4　　　　B.15　　　　C.7　　　　D.20

参考答案　　C　　　　D　　　　AC

2. 关于如图8-8所示图形中四条线段的关系，有下面几种说法，其中正确的是（　　）。

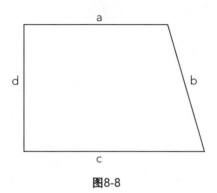

图8-8

A. a和b互相垂直 　　　B. b和c互相垂直 　　　C. c和d互相垂直

 C

3. 分类：根据已知特性对现有的东西进行分类，是数学中一种重要的思想。

4. 垂直：在同一平面内，如果两条直线相交并且夹角是90°，我们就把这种位置关系称为互相垂直（到了中学，垂直可以延伸到立体图形当中，不局限于同一平面）。

科技作坊

任务情境 现在我们可以参考上述的环保屋与小米智慧家具，利用3D One AI软件将环保屋模型中的家具智慧化：自动开启风力发电机，语音控制门和窗口的开关。

我会做 **实验：智慧的环保屋**

使用工具总览

操作名称	模块图例	模块说明
基本编辑		将零件隐藏或者显示
物体属性设置		对选中物体属性（"物体类型"）进行设置
成组固定		将零件成组连接
关节		设置一物体与另一物体的连接关节
设置电子件模型		设置物体电子件
编程设置控制器		编写程序，控制物体

具体操作步骤

步骤1 **导入环保屋模型。**

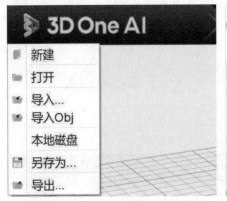
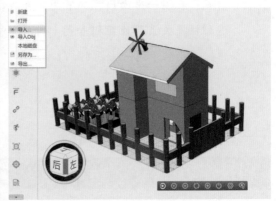

步骤2 **设置栅栏模型物理属性。**

点击栅栏模型，选择"物理属性设置" ，将"物体类型"选项设置
为"地形"。

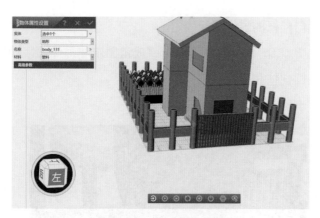

使用工具：物理属性设置

步骤3 将大门栏杆、房屋门、窗户、风力发电扇叶以外不动的零件成组固定。

1. 点击"基本编辑" 🔲 中的"隐藏/显示几何体" 🔲，分别单击选中大门栏杆、房屋门、窗户、风力发电扇叶，将不需要成组固定的零件隐藏。

2. 打开"组 🔺 "工具，单击"成组固定 🔺 "，然后框选除隐藏外的零部件。

3. 点击确定 ✅。

4. 点击"基本编辑 🔲"中"隐藏/显示几何体 🔲 "，将不需要成组固定的零件显示出来。

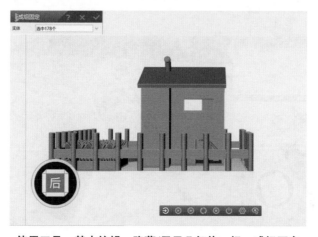

使用工具：基本编辑—隐藏/显示几何体、组—成组固定

步骤4 将大门栏杆的零件成组固定。

1. 打开"组 ▲"工具，单击"成组固定 ▲"，然后依次单击大门栏杆、圆柱体和摄像头圆柱体3个零件。

2. 点击确定 ✓。

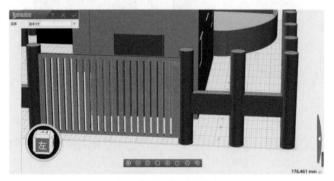

使用工具：组—成组固定

步骤5 设置风力发电扇叶连接关节。

1. 点击"关节 🔗"中的"关节设置 🔗"选项，在弹出的"关节设置"对话框中，设置"实体1"为风力发电扇叶，"实体2"为电机圆柱体，"锚点"需要点击"➤"箭头，选择"曲率中心"，然后点击电机圆柱体与扇叶接触的电机曲线，"轴心"选择电机圆柱体中心点外侧。

2. 点击确定 ✓。

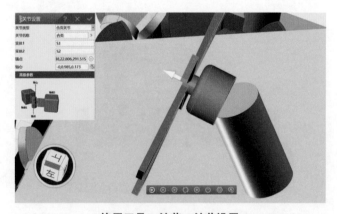

使用工具：关节—关节设置

步骤6 **设置房屋门连接关节。**

1. 点击"基本编辑 🧊"中"线框/着色模式 🧊"，设置为线框模式（方便后面选中曲率中心点）。

2. 点击"关节 🔗"中的"关节设置 🔗"选项，在弹出的"关节设置"对话框中，设置"实体1"为连接圆柱体，"实体2"分别为房屋门，"锚点"需要点击" ➤ "箭头，选择"曲率中心"，然后点击舵机圆柱体与扇叶接触的圆形曲线，"轴心"选择中心点向上。

3. 点击确定 ✔。

4. 点击"基本编辑 🧊"中的"线框/着色模式 🧊"，设置为着色模式。

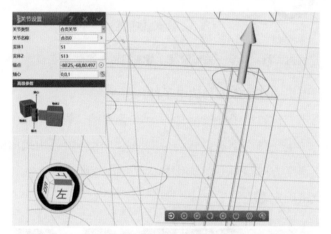

使用工具：基本编辑—线框/着色模式、关节—关节设置

步骤7 **设置房屋窗户连接关节。**

1. 点击"关节 🔗"中的"关节设置 🔗"选项，在弹出的"关节设置"对话框中，设置"实体1"为连接圆柱体，"实体2"分别为窗户，"锚点"需要点击" ➤ "箭头，选择"曲率中心"，然后点击连接圆柱体与窗户接触的圆形曲线，"轴心"选择中心点向上的圆形曲线，"轴心"选择圆柱中心点向与窗户面垂直方向。

2. 点击确定 ✔。

3. 点击"基本编辑" 🧊 中的"线框/着色模式" 🧊，设置为着色模式。

4. 其他窗户均按照以上操作设置连接关节。

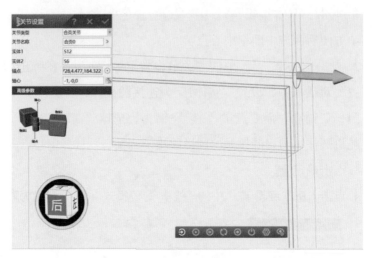

使用工具：关节—关节设置、基本编辑—线框/着色模式

步骤8 设置电机圆柱体作为马达电子件。

1. 点击"设置电子件模型 🔲"，在弹出的"设置电子件模型"对话框中，"电子件类型"设置为单向马达，电子件设为风扇电机圆柱体，"正速度方向"同上面扇叶中心点方向一致。

2. 点击确定 ✅。

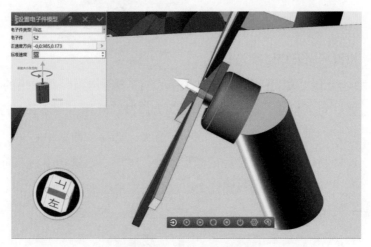

使用工具：设置电子件模型

步骤9 **设置门框圆柱体作为舵机电子件。**

1. 点击"设置电子件模型 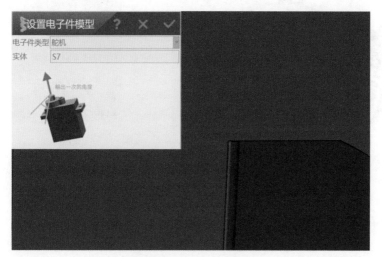"，在弹出的"设置电子件模型"对话框中，"电子件类型"设置为舵机，"电子件"分别为与房屋门和窗户连接的舵机圆柱体。

2. 点击确定 ☑。

使用工具：设置电子件模型

步骤10 **编程控制风力发电装置。**

点击"编程设置控制器 🔧"，点击"电子件" 🔘 电子件 ，选择"设置单向马达转动速度为"模块 并拖动到编程区"仿真循环"里面。

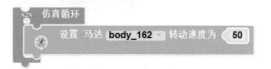

使用工具：编程设置控制器

步骤11 **编程控制语音识别开关门和开关窗户。**

1. 点击"编程设置控制器 🔧"，点击"语音技术" 🎤 语音技术 ，选择"电脑麦克风启动" 和"语音识别" 等模块并拖动到编程区"仿真循环"里面。

2.编程完成后，点击左上角保存按钮。

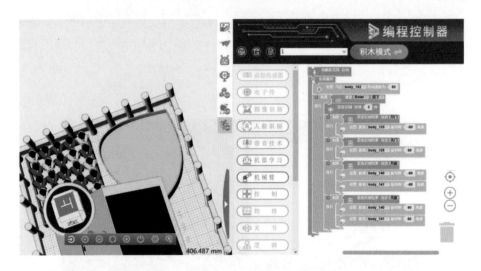

切换在线模式提示

如按下键盘"Enter"回车键后左上角语音识别结果仍显示"无识别结果"，可按下面操作调整：

1.点击"编程控制器"界面的左上角，点击"切换在线/本地识别方式"◉按钮。

2.点击右上方"在线"选项。

语音识别编程解析

问题1：如何才能将语音输入到电脑中？

解析：

1. 使用"电脑麦克风启动"模块，让电脑麦克风开启，进行语音
输入。

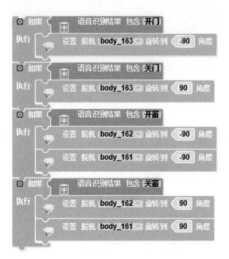

2. 在"仿真循环"中拉入"语音识别持续"模块，当按下回车键时
语音识别开启，将讲话内容传输到电脑中。

问题2：如何将识别到的语音按要求开关门和窗呢？

解析：要使用条件判断模块"如果"和"语音识别结果"，分别对识别到的语音结果按要求选择对应门和窗的舵机旋转。注意舵机旋转角度，90度和-90度的区别在哪里呢？试一试，写在"收获与体验"一栏中。

完整程序如下：

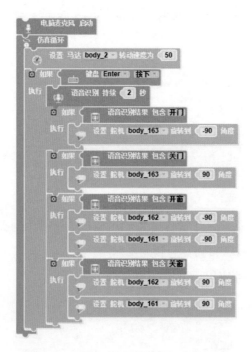

进入仿真环境。

点击 🔲🔲🔲🔲🔲🔲🔲🔲 "进入仿真环境"。

步骤13 启动仿真。

点击 🔲🔲🔲🔲🔲🔲🔲🔲 "启动仿真"。

实验现象：智慧的环保屋可以根据输入的语音开关门和开关窗户。

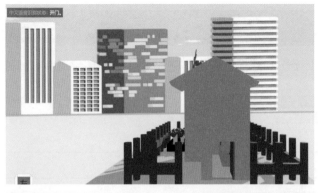

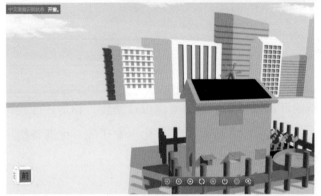

评 价

评价指标	自评
我了解了人工智能相关知识，并尝试在3D One AI软件中实现多个关节和多种电子件的设置	☆☆☆☆☆
我学会了使用多个条件判断语句、根据要求指挥电子件运行的方法	☆☆☆☆☆
我学会了使用"编程设置控制器"中的人工智能模块进行"智慧化"家居设置	☆☆☆☆☆

收获与体会：_____

_____

知识拓展

1. 按照以上操作步骤指引，制作完成的智慧的环保屋存在什么问题呢？你的解决办法是？

我发现的问题是：

_____

_____

我的解决方法是：

_____

_____

2. 通过智慧的环保屋知识学习与案例设计制作，相信你已经对人工智能有一定的了解，那么你还希望实现哪些"智慧化"家居呢？你准备使用什么方法实现呢？写下来和大家分享吧！

_____

_____

_____

第 **9** 课

我们的创意竞赛—— 智能物资分拣比赛

扫码观看
操作视频

知识导航

　　以"智慧冬奥"为主题，通过智能机械臂的自主控制、机器运动、人机协作及无人驾驶小车的路径规划、AI识别等多种技术的融合，深度模拟北京冬奥会期间冬奥村物资的智慧抓取、智慧分类、智慧存放、智慧配送和智慧交通等应用场景，探索人工智能技术赋予智慧冬奥的更多可能。让我们的热情与活力在创造中实现吧！

学习目标

操作技能

　　1.理解机械臂的操作编程方法，并尝试使用程序模块控制机械臂。

　　2.理解图片文字识别的编程方法，并尝试使用程序进行图像识别。

学科知识

　　1.科学：了解机械臂的组成、工作原理及应用。

　　2.语文：阅读有关冬奥的介绍，增强民族文化自信。

　　3.数学：掌握角的度量单位，会用量角器测量角的度数。

研学小站

京东智慧物流分拣、菜鸟智慧分拣机械臂

在防控疫情期间，机场成为连接各个城市的新支点。其中，将防控物资快速、准确地分拣是机场整体提升运营效率的主要环节之一。其实，运用虚拟AI技术，以人工智能硬件为载体，就可以设计创作出具有实际应用价值的物资分拣领域的人工智能作品。通过程序控制传送转盘转动和暂停，并利用图像识别技术控制机械手，将传送转盘上传送过来的包装好的不同类型的防疫物资（标有不同防疫物资字样的分拣块）拾取出来投放到指定的摆放区域或平板车上（与分拣块名称对应的区域或平板车），完成防疫物资按类分拣任务。

探索之旅

本节课我们要制作智能物资分拣装置，参加全国青少年电子信息智能创新大赛。在制作前，我们先了解装置相关知识吧！

科学小提示

1. 机械臂：模拟人的手臂、手腕和手功能的装置，它可将物体进行移动，如图9-1所示，从而完成任务要求。

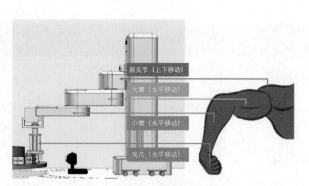

图9-1　机械臂

2. 了解了机械臂的结构后，我们如何利用机械臂、摄像头和转盘制作一个"聪明的"智能物资分拣装置呢？先别急，我们首先要考虑清楚机械臂、摄像头和转盘的运行顺序。请根据你的想法对下面的选项进行排序：

A. 转盘转动

B. 机械臂夹取物品并放到指定位置

C. 摄像头识别物文字

我的排序是：＿＿＿＿＿＿＿＿＿＿＿＿＿＿＿＿＿

（ **参考答案** CBA）

数学小提示

1. 旋转角度：图形在做旋转运动时，一个点与中心的旋转连线，与这个点在旋转后的对应点与旋转中心的连线之间的夹角，如图9-2所示。

公式：旋转角度=360÷物品数量

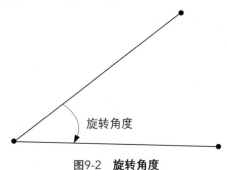

图9-2 **旋转角度**

2. 顺时针：和钟表的转动方向一样的转动。

逆时针：与顺时针转动方向相反的运动。

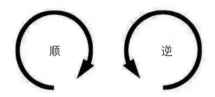

科技作坊

任务情境 本节课我们需要利用3D One AI软件编写程序控制机械臂、摄像头和转盘模型的运行，实现不同种类的物资分拣实验。

我会做 **实验：智能物资分拣装置**

使用工具总览

操作名称	模块图例	模块说明
载入场景		将官网提供的模型下载到操作界面
编程设置控制器		编写程序，控制物体

提示：使用模型请在比赛官网下载！

具体操作步骤

步骤1 **载入物资分拣装置模型。**

1. 点击软件界面右边箭头，选择"场景专区" 。

2. 找到对应场景，并点击载入"物资分拣装置模型"。

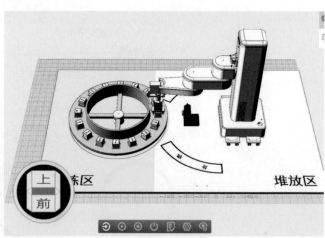

使用工具：场景专区

步骤2　　　**摄像头识别物体文字。**

1. 点击"编程设置控制器"，点击"图像识别"  指令，将 "虚拟摄像头启动"积木 拖到"仿真循环"上面，启动 虚拟摄像头。

2. 将"启用图片文字识别"积木 拖到"仿真循环"中，启 动图片文字识别。

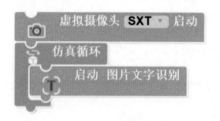

3. 点击"逻辑"模块 ，选入"如果"条件判断积木 、 "识别结果"积木 和"图片文字识别结果"积木 ，并将其组合在一起，用于判断如果识别到图片文字为 "口罩"就做"执行"中的操作。

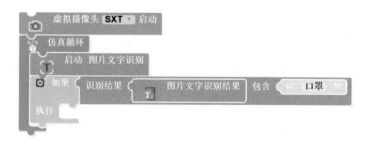

使用工具：编程设置控制器

步骤3 **机械臂夹取物品并放到指定位置。**

1. 选择"设置机械臂角度"积木，并修改机械臂角度"高度20，大臂角度0，小臂角度0"，控制机械臂先抬起20毫米。

2. 选择"设置机械臂气爪"积木，并修改为"松开状态"，将夹爪的状态调为松开，方便抓取物品。

3. 将以上程序放到上一操作程序"启动图片文字识别"模块上面，设置机械臂的初始状态。

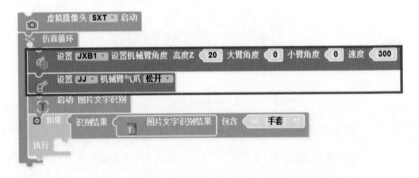

4. 选择"设置机械臂角度"积木，修改机械臂角度"高度0，大臂角度0，小臂角度0"；选择"设置机械臂气爪"积木，修改为"合起状态"，设置机械臂下移，抓取物品。

5. 选择"设置机械臂角度"积木，修改机械臂角度"高度30，大臂角度0，小臂角度0"，升高机械臂，避免移动时碰撞到其他物品；选择"设置机械臂角度"积木，修改机械臂角度"高度30，大臂角度90，小臂角度0"，机械臂积木中大臂框输入的大臂角度为90；再一次选择"设置机械臂角度"积木，修改机械臂角度"高度-15，大臂角度90，小臂角度0"，将机械臂逆时针选择90度，将机械臂在小臂移动90度后下降15毫米，到达放置货品的地区；最后选择"设置机械臂气爪"模块，确定夹爪为"松开"状态，放下物品到货物区。

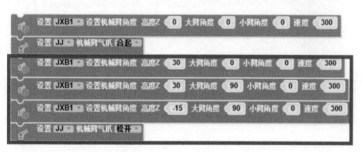

6. 选择"等待"积木，修改时间为"0.1秒"，在机械臂每个操作中加入此模块，加快机械臂运行速度。

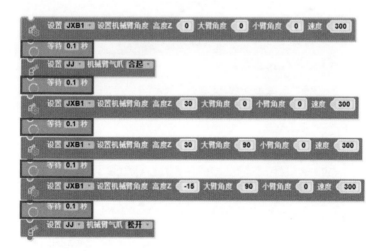

7. 将以上程序放到上一操作程序"如果"积木中"执行"框内，当满足识别是口罩的文字时，进行夹取物品放到指定位置的操作。

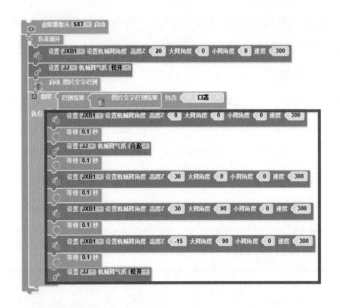

步骤4　图片文字识别后转盘转动。

1. 选择"伺服电机"积木，修改"速度1，旋转角度22.5"，并将此模块放置在"如果"积木的"执行"框内最下面的位置，以此旋转转盘到下一个物品。

注意 速度尽量慢，转盘转动时以防物品因为惯性移动，而旋转角度需要根据转盘数量决定，旋转角度公式为：旋转角度=360÷物品数量。

2. 编程完成后，点击左上角保存按钮。

切换在线模式提示：

如按下键盘"Enter"回车键后左上角"图像文字识别结果"仍显示"无识别结果"，可按下面操作调整：

1. 点击"编程控制器"界面的左上角，点击"切换在线/本地识别方式" 🌐 按钮。

2. 点击右上方"在线"选项。

步骤5 进入仿真环境。

点击 🔄⊙⊙⊙⊙⊙⊙⊙⊙ "进入仿真环境"。

步骤6 启动仿真。

点击 ⊙⊙⊙⊙⊙⊙⊙⊙ "启动仿真"。

实验现象：摄像头识别物资文字为口罩后，机械臂抓取物资并放置到指定货物区，转盘转动再循环识别下一个物资。

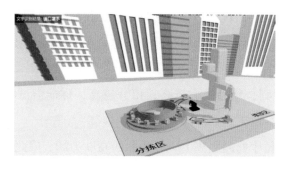

评 价

评价指标	自评
我了解了物资分拣赛项的比赛内容	☆ ☆ ☆ ☆ ☆
我了解了机械臂与旋转角度的相关知识，并能应用在3D One AI软件中	☆ ☆ ☆ ☆ ☆
我了解了操作机械臂的编程方法，并能通过编程控制机械臂的运行	☆ ☆ ☆ ☆ ☆

收获与体会：_____

_____

知识拓展

在学完上面的程序后，你们肯定会对智能物资分拣装置的运作有更好的想法。为了在本次比赛中获得好的名次，请思考下面问题，更好地完善比赛程序吧！

1. 当要移动机械臂到更远的货物存放区，应该设置机械的哪个关节会更好呢？如何设置呢？

（操作提示：大臂，大臂的水平移动距离会更远。）

2. 不同物品的摆放位置不一样，这时候需要调整机械臂的大臂或者小臂距离进行水平移动，运输货物，你能调整好每个物品水平移动的角度吗？试一试修改程序，测试效果吧！

3. 根据比赛规则，物品堆叠越高，得分越高，你能尝试将同一物品叠起来吗？如何通过编程实现呢？

（操作提示：每个物品距离上一个物品的高度为20，因此可以使用变量，增加每次机械臂升高的距离以实现堆叠的效果。）

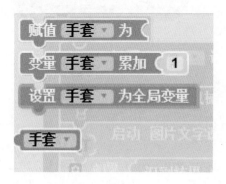

4. 上面操作指引的程序仅仅能识别"手套"物品，其他物品的识别和移动你能根据所学的知识设计出来吗？

（操作提示：所有的物品移动都从判断如果条件开始哦！）

参考文献

[1] 孙华，郑旭东. 人工智能教育与创新人才培养：基于教师培训与专业发展的视角 [J]. 未来与发展，2022，46（01）：95-100+50.

[2] 肖睿，肖海明，尚俊杰. 人工智能与教育变革：前景、困难和策略［J］. 中国电化教育，2020（04）：75-86.

[3] 谢惜珍，盛瑶，黄德财，陈莉. 我国中小学人工智能教育研究现状与趋势——基于CNKI中文文献的可视化分析［J］. 中小学电教，2022（01）：18-23.

[4] 曾娜. STEAM理念下小学人工智能课程的设计与开发实践研究［C］//. 融合信息技术·赋能课程教学创新——第六届中小学数字化教学研讨会论文案例集. 2021：282-290. DOI：10.26914/c. cnkihy. 2021. 063346.